BEI GRIN MACHT SICH IHR
WISSEN BEZAHLT

- Wir veröffentlichen Ihre Hausarbeit,
  Bachelor- und Masterarbeit

- Ihr eigenes eBook und Buch -
  weltweit in allen wichtigen Shops

- Verdienen Sie an jedem Verkauf

Jetzt bei www.GRIN.com hochladen
und kostenlos publizieren

Daniel Fischer

Stammzellen - Was sind Stammzellen?

GRIN Verlag

Bibliografische Information der Deutschen Nationalbibliothek:

Die Deutsche Bibliothek verzeichnet diese Publikation in der Deutschen National-
bibliografie; detaillierte bibliografische Daten sind im Internet über http://dnb.d-
nb.de/ abrufbar.

Impressum:

Copyright © 2011 GRIN Verlag GmbH
Druck und Bindung: Books on Demand GmbH, Norderstedt Germany
ISBN: 978-3-656-38526-4

Dieses Buch bei GRIN:

http://www.grin.com/de/e-book/205813/stammzellen-was-sind-stammzellen

GRIN - Your knowledge has value

Der GRIN Verlag publiziert seit 1998 wissenschaftliche Arbeiten von Studenten, Hochschullehrern und anderen Akademikern als eBook und gedrucktes Buch. Die Verlagswebsite www.grin.com ist die ideale Plattform zur Veröffentlichung von Hausarbeiten, Abschlussarbeiten, wissenschaftlichen Aufsätzen, Dissertationen und Fachbüchern.

Besuchen Sie uns im Internet:

http://www.grin.com/

http://www.facebook.com/grincom

http://www.twitter.com/grin_com

Schriftliche Ausarbeitung

zum Thema

„Stammzellen"

am

Pädagogium Baden – Baden

vorgelegt von

Daniel Fischer

Biologiekurs 4-stündig 2011/2012

Gliederung

Einleitung

1. Was sind Stammzellen?

2. Embryonale Stammzellen

    2.1.   Omnipotenz & Pluripotenz

    2.2.   Kultivierung

    2.3.   Therapeutischen Nutzen

3. Multipotente Stammzellen

    3.1.   Adulte Stammzellen

    3.2.   Mesenchymale Stammzellen

    3.3.   Hämatopoetische Stammzellen

4. Klonen

    4.1.   Reproduktives Klonen

    4.2.   Therapeutisches Klonen

5. Literaturverzeichnis

Einleitung

Es gibt nicht viele Themen, die derart viele Hoffnungen, Befürchtungen und Diskussionen ausgelöst haben wie die Forschung an Stammzellen. Viele sehen in der Stammzellenforschung den Schlüssel zur Heilung unzähliger Krankheiten und die Möglichkeit die Entstehung neuen Lebens besser zu verstehen, wo andere wiederum, eine Bedrohung für mögliches Leben und dessen Rechte. In meiner GFS, werde ich jedoch weniger auf die ethische Kontroverse, sondern auf die biologischen Besonderheiten, Nutzungsmöglichkeiten und verschiedene Theorien bezüglich der Nutzbarkeit Stammzellen eingehen.

1. Was sind Stammzellen?

Stammzellen sind multi- bis omnipotente Zellen, welche je nach Art, in der Lage sind, sämtliche Zellen (Körperzellen, Blutzellen, etc.) und somit alle Teile des Körpers (Organe, Extremitäten, etc.) zu bilden **(vgl. von Beeren & Roßnagel 2010, S. 142)**.

2. Embryonale Stammzellen

Embryonale Stammzellen sind die noch undefinierten Urzellen, der Zygote und des aus ihr resultierenden Embryos, welche während und kurz nach der Befruchtung entstehen und die Fähigkeit besitzen, durch mitotische Teilung, beinahe jede Zellenart zu bilden.
(vgl. Wormer 2003, S.14).

2.1 Omnipotenz & Pluripotenz

Omnipotente Stammzellen sind die ersten Zellen, die nach der Befruchtung gebildet werden. Sie sind die einzige Zell Art, aus der ein kompletter Organismus entstehen kann und bilden einerseits den Embryoblast, welcher später den Embryokörper bildet, und den Trophoplast, welcher sich später mit der Gebärmutterschleimhaut verbindet und die Plazenta bildet. Aus noch unbekannten Gründen, verlieren die meisten embryonalen Stammzellen ihre Omnipotenz und sind stattdessen nur noch pluripotent.

Omnipotente Stammzellen sind z.B. die Zygote, aus der der gesamte Organismus entsteht, und die im Trophoplast befindlichen Zellen zu finden, die die Plazenta bilden. **(vgl. Wormer 2003, S. 14, 55)**.

Pluripotente Stammzellen, haben zwar immer noch das Potenzial sich zu den meisten Zellen zu entwickeln, können jedoch, im Gegensatz zu ihren omnipotenten Vorgängern, keinen vollständigen Organismus mehr bilden **(vgl. Wormer 2003, S. 55)**.

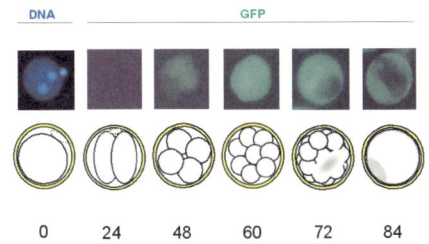

Abbildung 1:
Entwicklungsstadien von Blastocysten
(aus Schöler 2003, S.529)

Entwicklungsstadien

Stunden nach der Befruchtung

2.2 Kultivierung

Embryonale Stammzellen werden, zu Forschungszwecken, aus ca. 3 Tage Blastocysten gewonnen, indem die innere Zellmasse isoliert und der embryonale Teil, der Blastocyste, entfernt wird. Durch diesen Prozess wird der Embryo zerstört. Damit die Zellen undifferenziert bleiben und sich optimal weiterentwickeln, muss die Kultivierung auf einer Gelatine-vorbehandelten Petrischale erfolgen, die entwicklungsarretierte Fibroblasten enthalten, die als Feeder-Schicht fungieren **(vgl. Schenkel 1995, S. 74)**. Fibroblasten werden zur Kultivierung von Zellen benutzt, da sie fast überall im Körper vorkommen und als Substrat zum besseren Anheften der Zellen dienen **(vgl. Schmitz 2011, S. 84)** Nach sieben Tagen können Subklone gepickt und in einem Nährmedium weitergezüchtet werden, welches unter anderem verschiedene Aminosäuren, Antibiotika , den Leukemia Inhibitory Factor, welcher die Differenzierung der Stammzellen verhindert und Nährzellen, wie z.B. Fibroblasten, enthält **(vgl. Schenkel 1995, S.75)**.

Unter optimalen Bedingungen können embryonale Stamzellen unbegrenzt reproduziert werden **(vgl. Schöler 2003, S. 529)**.

4

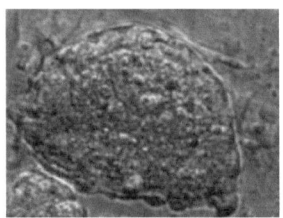

Abbildung 2: kultivierte embryonale Stammzelle
(aus Schenkel 1995, S.75)

Bei der Kultivierung von humanen Stammzellen können Probleme auftreten, da die Nährzellen und die Gelatine von Tieren gewonnen werden und somit Übertragungen von tierischen Krankheiten auf den Menschen möglich sind. Zudem hat der Leukemia Inhibitory Factor auf humane Stammzellen keinen Einfluss, was die Kultivierung dieser erschwert **(vgl. Schöler 2003, S. 530)**.

2.3 Therapeutischen Nutzen

Mithilfe embryonaler Stammzellen, kann in großen Mengen, eine Vielzahl von Zelltypen gebildet werden (z.B. Insulin produzierende Zellen, Knochenzellen, Fettzellen, etc.), welche fehlende Zellen, eines erkrankten Organismus, ersetzen bzw. reparieren können, um somit Krankheiten, die auf ein Fehlen oder den Defekt eines Zelltyps zurückzuführen sind, zu lindern oder sogar vollständig zu heilen. Jedoch ist diese Vorstellung eines Wunderheilmittels, zum jetzigen Zeitpunkt, noch nicht umsetzbar, da es zwar, bei Experimenten mit Mäusen, bereits gelungen ist Krankheiten, wie Parkinson und Diabetes, zu lindern, jedoch bei Versuchen mit menschlichen Zellen, Probleme aufgetreten sind. 1998 zeigte, der US-amerikanische Zellbiologe, James Thomson, dass bei der Injektion, undifferenzierter embryonaler Stammzellen, unter Umständen, lebensbedrohliche Tumore gebildet werden können. Um diese und ähnliche Gefahren auszuschließen, muss die embryonale Stammzelle, vor der Injektion, bereits zu dem gewünschten Zelltyp differenziert werden. Ein weiteres Problem stellt die Immunabwehr dar, da die Spenderzellen als Fremdkörper angesehen werden und es zu Abstoßreaktionen kommt. Um dies zu verhindern wird der Kern der embryonalen Stammzelle entfernt und durch den Kern, einer Körperzelle des Empfängers, ersetzt. (siehe 4.2. Therapeutisches Klonen) **(vgl. Schöler 2003, S. 529-531)**.

3. Multipotente Stammzellen

Multipotente Stammzellen besitzen zwar nicht mehr die Fähigkeit, sich wie pluripotente Stammzellen, in jede Zelle zu differenzieren, können sich aber dennoch zu einem weitem Spektrum von Zellen, z.b. denen aus den drei Keimblättern resultierenden entwickeln **(vgl. Schöler 2003, S. 526)**.

3.1 Adulte Stammzellen

Adulte Stammzellen sind, teils differenzierte multipotente Zellen, welche beispielsweise im Gehirn, Blut und Darm zu finden sind.

Sie werden bereits seit mehreren Jahren erfolgreich gegen Krankheiten, wie Leukämie, eingesetzt und sind die ursprüngliche Basis, der Stammzellenforschung. Obwohl sie ihre pluripotenten Eigenschaften verloren haben, hat man inzwischen rausgefunden, dass adulte Stammzellen, die Fähigkeit besitzen, sich auch in manche Zellen zu differenzieren für die sie ursprünglich nicht ausgelegt waren. So konnten beispielsweise ursprünglich Mesoderme adulte Stammzellen, welche aus dem Knochenmark entnommen wurden, zu Zellen des Gehirns differenziert werden. Experimente mit Mäusen haben zudem gezeigt, dass adulte Stammzellen aus dem Gehirn, nachdem sie in Blastocysten injiziert wurden, alle Zellen, der drei Keimblätter bilden konnten **(vgl. Schöler 2003, S. 525-526)**

3.2 Mesenchymale Stammzellen

Mesenchymale Stammzellen, sind wie adulte Stammzellen, multipotent, haben jedoch, bemerkenswerter Weise, in einzelnen Fällen pluripotente Eigenschaften. In Experimenten mit Mäusen, konnte festgestellt werden, dass mesenchymale Stammzellen, nach Injektion in Blastocysten, die meisten Zelltypen, des Körpers, bilden können. Auch zeigte sich, dass Menschen, die älter als 50 sind, keine oder nur noch wenige Mesenchymale Stammzellen besitzen. Bislang konnte diesbezüglich nur die Hypothese aufgestellt werden, dass der menschliche Körper nur auf eine Lebensdauer von ca. 45 Jahren ausgelegt ist **(vgl. Schöler 2003, S. 528)**.

3.3 Hämatopoetische Stammzellen

Hämatopoetische Stammzellen sind, adulte Stammzellen, welche im Knochenmark zu finden sind. An ihnen wurden bislang die größten Fortschritte in der Stammzellenforschung gemacht, wodurch sie schon längere Zeit, als Heilmittel für Leukämie, benutzt werden können. Hämatopoetische Stammzellen haben jedoch, ähnlich wie die Mesenchymale Stammzellen, pluripotente Eigenschaft und können sich zu anderen multipotenten Stammzellen differenzieren (siehe Abbildung 3) **(vgl. Schöler, 2003, S. 526-528)**.

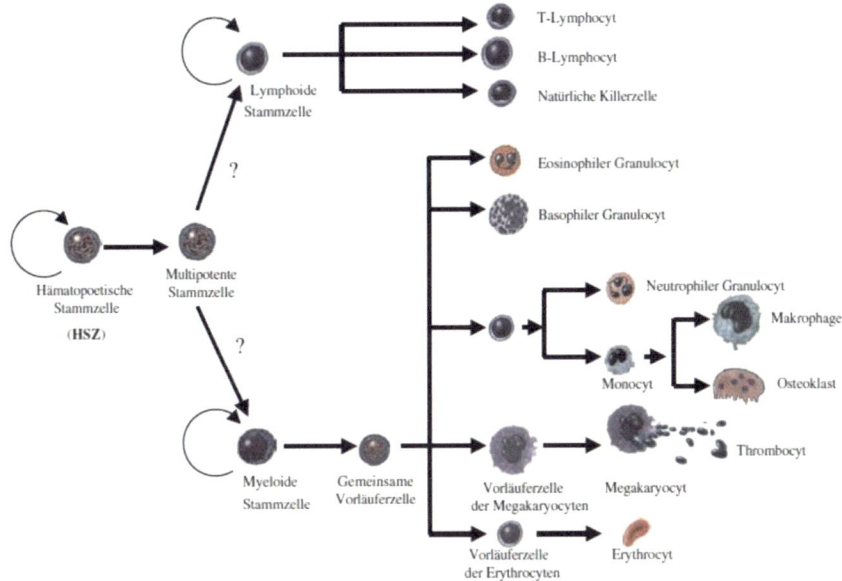

Abbildung 3: „Das Hämatopoetische System. Links eine Hämatopoetische Stammzelle (HSZ), die weitere HSZ hervorbringt. Deren Nachkommen können sich weiter teilen oder als Multipotente Stammzelle eine Lymphoide- oder Myeloide Stammzelle hervorbringen, die sämtliche Blutzelltypen bilden" **(Schöler 2003, S. 527)**.

4. Klonen

Ein Klon ist ein „Sprössling", dessen Erbanlagen, mit denen des Mutterorganismus, identisch sind. In der Wissenschaft wird, zwischen 3 Arten von Klonierung unterschieden: DANN-Klone in der Molekulargenetik, Produktion von Zellklonen (um beispielsweise Antikörper oder Bakterien, in großen Mengen, mit den gewünschten Eigenschaften zu züchten) und Klonen von ganzen Organismen (z.b. Dolly) **(vgl. Stiegler 1997, S. 9-15)**.

4.1 Reproduktives Klonen

Beim reproduktiven Klonen wird, anders als bei der Reproduktionsmedizin (z.b. in-vitro Fertilisation), ein Organismus, mit den identischen Erbanlagen, der genetischen Mutter gezeugt. Das berühmteste Beispiel für das reproduktive Klonen ist, das Hausschaff Dolly. Um die Geburt von Dolly zu ermöglichen, wurde einem Schaff, dass als genetische Mutter fungierte, Euterzellen entnommen, welche in die entkernte Eizelle, eines zweiten Schafes eingesetzt und mittels elektrischer Impulse miteinander verschmolzen, wurden. Um die Fusion, der beiden Zellen möglich zu machen, musste der Zell-Zyklus, der Euterzelle beendet werden , was durch eine Reduzierung des Serumanteil, welches für die Teilung der Zelle notwendig war, erreicht wurde. Die Euterzelle trat, durch die Reduzierung des Serumanteils, von der G1-Phase (Zellwachstum) in die G0-Phase (kein Zellwachstum) ein. Diese „befruchtete" Eizelle, mit dem vollständigen diploiden Chromosomensatz, der genetischen Mutter, wurde anschließend, wie bei einer in-vitro Fertilisation, in eine dritte Leihmutter eingesetzt, worauf nach einer normalen Schwangerschaft Dolly geboren wurde **(vgl. Stiegler, 1997, S. 60-72)**. Bevor reproduktives Klonen effektiv genutzt werden kann, müssen erst die ethischen und biologischen Probleme gelöst werden. Dolly war beispielsweise der erste Erfolg, nach 276 Fehlschlägen, was zeigt, dass das Klonen kommpletter Organismen, noch lange nicht sicher ist **(vgl. Schöler 2003, S. 532)**.

4.2 Therapeutisches Klonen

Beim therapeutischen Klonen werden entweder allogene oder autogene Stammzellen benutzt, wobei allogene Stammzellen generell den Vorteil haben, dass man dem zu behandelnden Organismus, ausreichend gesunde Zellen zufügen kann, wohingegen autogene Stammzellen, den Vorteil haben, dass keine Probleme durch das Immunsystem entstehen. Der Stammzelle wird entweder, mithilfe harmloser Lentivieren, ein Gen injiziert, dass das Gen der defekten DNA ersetzten soll (z.B. um damit Diabetes Erkrankte Insulin prodozieren können) oder sie wird dazu verwendet um die gewünschte Zell Art zu prodozieren (um beispielsweise Krankheiten zu heilen die eine Zelldegeneration als Ursache haben, wie z.B. Parkinson) **(vgl. Schöler, 2003, S. 531-532)**.

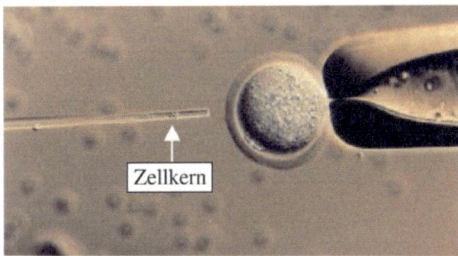

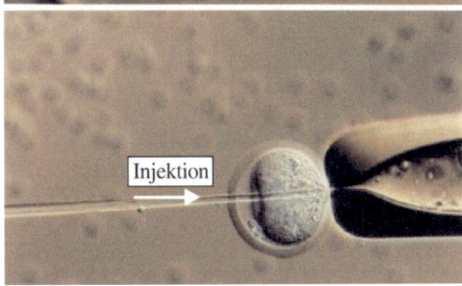

Abbildung 4: Injektion eines des Kerns einer Körperzelle in eine entkernte Eizelle **(aus Schöler 2003, S.531)**

Durch den Transfer eines Zellkerns, einer Körperzelle in eine entkernte Eizelle, wird dieser, aus noch unbekannten Gründen, in seinen embryonalen Zustand zurückgesetzt, wodurch theoretisch beliebig viele Zellen, des Spenders reproduziert werden können **(vgl. Schöler 2003, S. 532-535)**.

LITERATURVERZEICHNIS

Schenkel, J. (1995). *Transgene Tiere.* Spektrum Akademischer Verlag GmbH Heidelberg.

Schmitz, S. (2011). *Der Experimentator.* Spektrum Akademischer Verlag Heidelberg.

Schöler, H. R. (Oktober 2003). Das Potential von Stammzellen. *Naturwissenschaftliche Rundschau*, S. 525-539.

Stiegler, G. (1997). *Stichwort Klonen.* München: Wilhelm Heyne Verlag GmbH & Co. KG.

von Beeren, D., & Roßnagel, G. (2010). *Natura, Biologie für berufliche Gymnasien.* Troisdorf: Ernst Klett Verlag GmbH, Stuttgart und Bildungsverlag EINS GmbH.

Wormer, E. J. (2003). *Mehr Wissen über Stammzellen.* Köln: Lingen Verlag.